BEI GRIN MACHT SICH IHR WISSEN BEZAHLT

- Wir veröffentlichen Ihre Hausarbeit,
  Bachelor- und Masterarbeit

- Ihr eigenes eBook und Buch -
  weltweit in allen wichtigen Shops

- Verdienen Sie an jedem Verkauf

Jetzt bei www.GRIN.com hochladen und kostenlos publizieren

William Rambow

Woraus besteht unser Universum?

GRIN Verlag

Bibliografische Information der Deutschen Nationalbibliothek:

Die Deutsche Bibliothek verzeichnet diese Publikation in der Deutschen National-
bibliografie; detaillierte bibliografische Daten sind im Internet über http://dnb.d-
nb.de/ abrufbar.

Impressum:

Copyright © 2013 GRIN Verlag GmbH
Druck und Bindung: Books on Demand GmbH, Norderstedt Germany
ISBN: 978-3-656-44415-2

Dieses Buch bei GRIN:

http://www.grin.com/de/e-book/215388/woraus-besteht-unser-universum

GRIN - Your knowledge has value

Der GRIN Verlag publiziert seit 1998 wissenschaftliche Arbeiten von Studenten, Hochschullehrern und anderen Akademikern als eBook und gedrucktes Buch. Die Verlagswebsite www.grin.com ist die ideale Plattform zur Veröffentlichung von Hausarbeiten, Abschlussarbeiten, wissenschaftlichen Aufsätzen, Dissertationen und Fachbüchern.

Besuchen Sie uns im Internet:

http://www.grin.com/

http://www.facebook.com/grincom

http://www.twitter.com/grin_com

Woraus ist unser Universum zusammengesetzt?

Hausarbeit im Naturwissenschaftlichen Profil 2012/13
Evangelisches Schulzentrum Leipzig

Vorgelegt von: William Rambow,10c

Abgabetermin: 30. April 2013

Inhaltsverzeichnis

Einleitung

Hinführung zum Thema

> „Es gibt eine Theorie, die besagt, wenn jemals irgendwer genau herausfindet, wozu das Universum da ist und warum es da ist, dann verschwindet es auf der Stelle und wird durch noch etwas Bizarreres und Unbegreiflicheres ersetzt. - Es gibt eine andere Theorie, nach der das schon passiert ist."

- Douglas Adams, 1994[1]

Meiner Meinung nach hat DOUGLAS ADAMS hier in seinem fiktiven Werk „Das Restaurant am Ende des Universums" einen Nagel auf den Kopf getroffen. Unser Universum ist so bizarr und unbegreiflich, dass wir es wohl nie vollständig begreifen werden. Doch gerade dieses Bizarre und Unbegreifliche macht es so unglaublich faszinierend.

Abb. 1: Die Kleine Magellansche Wolke.

Motivation

Meine Motivation dieses Thema zu wählen, ist im ungefähren die Gleiche, die für mich die Naturwissenschaften so interessant macht: Die Frage, woraus unsere Umgebung besteht und wie sie funktioniert. Wie funktionieren wir, unsere Umwelt, unsere Erde und nicht zuletzt unser Universum, in dem wir leben.

Trotz meines Interesses für diese Fragen habe ich dem Universum als Ganzes noch nicht sehr viel Beachtung geschenkt. Ich habe mich bisher mehr für den Mikrokosmos interessiert. Folglich war es auch ursprünglich meine Intuition dies

---

[1] ADAMS, D. (1994): Das Restaurant am Ende des Universums. Berlin: Ullstein Verlag.

als Thema für meine Hausarbeit zu wählen. Nachdem ich eine sehr interessante Fernsehsendung der BBC[2] zum Thema des Universums gesehen hatte, wurde ich mir jedoch über die Faszination des Themas bewusst. Ich kam dann zum Entschluss, ein Thema für meine Hausarbeit zu wählen, dem ich bisher nur wenig Interesse geschenkt hatte, da ich der Meinung bin, dass diese Hausarbeit nicht nur eine schulische Leistung sein sollte, sondern dass es auch für mich selbst eine Bereicherung darstellen sollte.

---

[2] TUCKER, L.; THOMPSON, A.; SMITH, J.; COHEN, A.; CLARK, M.; BARRETT, M.; BIRMA, E.; WILLIAMS, G. (Produzent) (2012/13). Horizon - Staffel 49, Folge 03: How Big Is the Universe?. [Serie]. London: British Broadcasting Corporation

Die Zusammensetzung des Universums

Die Bestandteile unseres Universums lassen sich in drei große Gruppen einteilen:

- (Baryonische) Materie
- Dunkle Materie
- Dunkle Energie

Hinzu kommen noch zwei weitere ‚Bausteine', die jedoch — zumindest was die Materieverteilung in unserem Universum betreffen[3] — eine deutlich geringere Bedeutung haben:

- Neutrinos
- Cosmic Microwave Background (Mikrowellenstrahlung)

Abb. 2: Materieverteilung im Universum

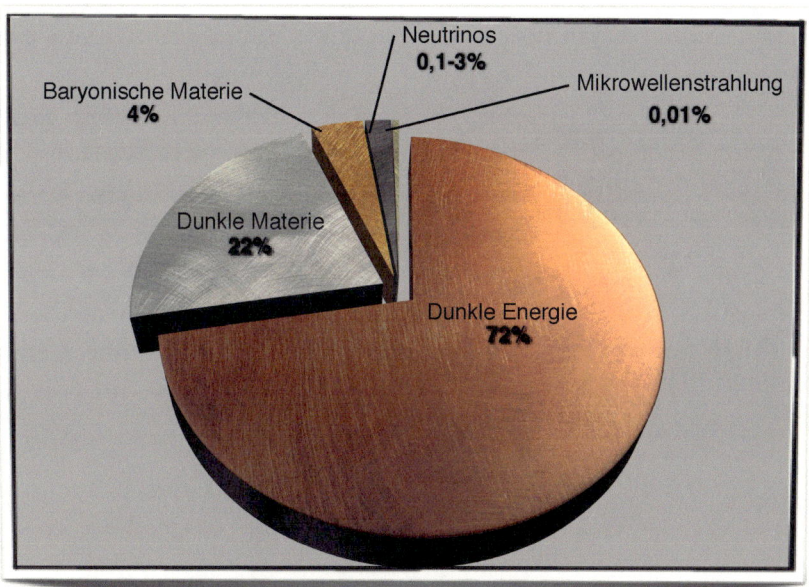

---

[3] DEUTSCHE PHYSIKALISCHE GESELLSCHAFT E.V. (2007): Welt der Physik: Dunkle Materie und Dunkle Energie. http://www.weltderphysik.de/gebiet/astro/dunkle-materie-und-dunkle-energie/dunkle-materie-und-dunkle-energie/, 10.12.12

Im Folgenden werde ich die drei wichtigsten Bestandteil unseres Universum näher untersuchen und ihren Aufbau — beziehungsweise einige Theorien zu ihrem Aufbau — näher erläutern.

Baryonische Materie

Was ist das?

Die baryonische Materie (auch nur ‚Materie') ist wohl der Bestandteil des Universums, der für jedermann am bekanntesten sein sollte. Es ist der Bestandteil aus dem wir und unsere Erde bestehen.

Baryonische Materie besteht zum größten Teil aus Baryonen, wie der Namen bereits besagt.

Baryonen sind eine Gruppe von Teilchen, zu denen beispielsweise die Nukleonen, also Protonen und Neutronen, gehören. Laut dem Standardmodell der Teilchenphysik bestehen sie aus drei Quarks[4] und gehören damit zur Gruppe der Hadronen, dass heißt zu der Gruppe von Teilchen, welche aus Quarks bestehen[5]. Nach unserem heutigen Wissen nach sind Quarks die kleinsten Bausteine des Universums.

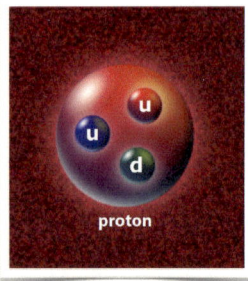

Abb. 3: Aufbau eines Protons. Ein Proton besteht aus drei Quarks. Einem down-Quark und zwei up-Quarks.

Jedoch ist der Begriff ‚baryonische Materie' etwas irreführend, da diese nicht ausschließlich aus Baryonen besteht. Bekanntermaßen bestehen Atome, welche den Großteil der baryonischen Materie ausmachen, nicht nur aus Protonen und Neutronen, welche Baryonen sind, sondern auch noch aus Elektronen, welche zur Gruppe der Leptonen gezählt werden, welche nach unserem heutigen Wissen nicht weiter teilbar sind.[6]

[4] NAVE, R. (2001): Hadrons, baryons, mesons. http://hyperphysics.phy-astr.gsu.edu/hbase/particles/hadron.html, 10.12.12

[5] SCHULZ, J. (2003): Hadronen - Aus Quarks zusammengesetzte Teilchen. http://www.quantenwelt.de/elementar/hadronen.html, 12.12.12

[6] SCHULZ, J. (2002): Leptonen - Elektronen und Neutrinos. http://www.quantenwelt.de/elementar/leptonen.html, 05.04.13

Abb. 4: Periodensystem der Elemente

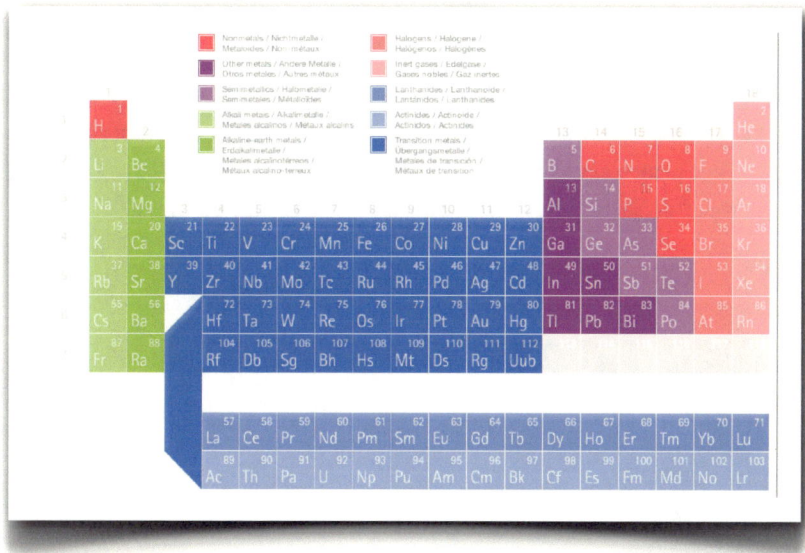

Das uns bekannte Periodensystem der Elemente (PSE) ist eine Methode, alle uns bekannten Elemente zu ordnen. Elemente sind die Stoffe aus denen alle Gegenstände auf unserer Erde bestehen. Alle Elemente des Periodensystems bestehen aus einem Kern, in dem Protonen und Neutronen enthalten sind (welche, wie oben erwähnt, Baryonen sind) und einer Hülle, die Elektronen enthalten (welche zu den Leptonen gehören).

Obwohl die Elemente nicht vollständig aus Baryonen bestehen, bilden sie den Hauptbestandteil der baryonischen Materie.

Inwiefern erforscht und bewiesen?

Die Existenz von baryonischer Materie, oder nur Materie, wie ich sie der Einfachheit halber im folgenden nennen werde, ist insofern nicht schwer zu beweisen, da unsere direkte Umgebung, die wir mit unseren Sinnesorganen wahrnehmen, aus Atomen und damit aus Materie gebildet wird. Es ist relativ simpel, ihre Eigenschaften zu erforschen, jedoch weiß man selbst heute nicht mit absoluter Sicherheit, woraus die Materie besteht, da die kleinsten Bestandteile, die Quarks zu klein sind um sie mit den uns heute verfügbaren Mitteln sichtbar zu machen, wir können sie lediglich anhand ihrer Auswirkungen auf ihre Umgebung sehen. Schon in der Antik erkannte der Grieche LEUKIPP (um 450 - 370 v. Chr.), dass Materie aus kleineren Teilchen besteht, den Atomen.[7] Jedoch wird diese Entdeckung heutzutage oft seinem Schüler DEMOKRIT (um 460-371 v. Chr.) zugeschrieben, da von LEUKIPP keine Werke mehr überliefert sind und wir nur durch ARISTOTELES von seiner Existenz wissen.[8] Es dauerte jedoch bis etwa 1898 bis J.J. THOMSON entdeckte, dass das Atom nicht das kleinste unteilbare Teilchen ist.[12] Die Entdeckung des Protons, und damit dem ersten Baryon, wird E. GOLDSTEIN (1850-1930) zugeschrieben.[9]

---

[7] FINCH, U. & LEITNER, E. (2012): Entwicklung der Atomvorstellung. http://www.leifiphysik.de/web_ph12/geschichte/10atomvorstellung/atom.htm, 02.02.13

[8] FÖLL, H. (2012): Die alten Griechen und das Atom. http://www.tf.uni-kiel.de/matwis/amat/mw1_ge/kap_2/basics/n2_1_1.html, 02.02.13

[9] STROHMANN, C. (2003): Konzepte der Allgemeinen und Anorganischen Chemie. http://www-anorganik.chemie.uni-wuerzburg.de/strohmann/lehre/download/ac1_3.pdf, 02.02.13

Dunkle Materie

Als Kind beschränkt sich die Vorstellung vom Weltraum allgemein auf die bekannte Umgebung. Dass diese bekannte Materie nur 4% des Universums ausmacht ist schwer vorstellbar. Es gibt wohl, nach unseren heutigen Erkenntnissen einen Stoff, welcher viel mehr Platz einnimmt als die baryonische Materie: die Dunkle Materie.

Was ist das?

Die Existenz Dunkler Materie wird seit den 1980er Jahren von Forschern postuliert da man sich allein mit der Schwerkraft der normalen Materie zum Beispiel nicht die Bewegungen von Sternen in Galaxien erklären kann.[10] Über die Dunkle Materie ist nur wenig bis gar nichts bekannt, da man sie bisher nur anhand ihrer Auswirkungen auf die Bewegungen von Sternen gesehen hat, nicht die Materie selbst. Dunkle Materie interagiert größtenteils weder mit Licht, noch mit sonstiger elektromagnetischer Strahlung, weshalb man sie nicht mit bloßem Auge sehen kann und auch nicht mit modernen Teleskopen sichtbar machen kann. Jedoch gibt es vermutlich nicht „die" Dunkle Materie. Sie wird wahrscheinlich aus verschiedenen Objekten und Teilchen aufgebaut, welche alle nicht sichtbar sind und trotzdem eine starke Gravitation haben.

Woher weiß man, dass es sie gibt?

Wie oben bereits erwähnt, kann man anhand der Bewegungen von Sternen, beziehungsweise um genau zu sein, anhand der Rotationsgeschwindigkeit von Sternen, sehen, dass es etwas außer der für uns sichtbaren Materie geben muss. Hier wird die Dunkle Materie postuliert. Die ersten Hinweise dass es eine solche Substanz geben müsse fand der Forscher FRITZ ZWICKY bereits in den 1930er Jahren.[11]

Den entscheidenden Hinweis auf die Dunkle Materie findet man in den sogenannten Spiralgalaxien, unter welche beispielsweise auch unsere Milchstraße fällt. Sie sind spiralförmig um einen zentralen Punkt aufgebaut, um den alle in

---

[10] BARTELMANN, M. & STEINMETZ, M. (2010). Sterne und Weltraum 2010/8: 32-43.

[11] DEITERS, S. (2012): Neues über Dunkle Materie in Sonnennähe. http://www.astronews.com/news/artikel/2012/08/1208-014.shtml, 02.02.2013

diesen Galaxien vorhandenen Sterne rotieren. Ähnlich wie es die Erde und die anderen Planeten in unserem Sonnensystem um unsere Sonne tun.

In unserem Sonnensystem kann man relativ einfach die Rotationsgeschwindigkeit der Planeten bestimmen. Und wie zu erwarten nimmt diese gleichmäßig, entsprechend der Entfernung des Planeten zur Sonne, ab (siehe Grafik), da 99% der Masse unseres Sonnensystems in der Sonne vereinigt sind. [10, 12] Je weiter entfernt ein Planet von der Sonne ist, desto langsamer bewegt er sich also auch um sie herum. Dies ist nötig, damit der Planet auf seiner Umlaufbahn bleibt, da sich hierdurch die Gravitation der Sonne und die Zentrifugalkraft ausgleichen.

In Spiralgalaxien ist es deutlich schwieriger, die Rotationsgeschwindigkeit der Sterne um das Zentrum der Galaxie zu

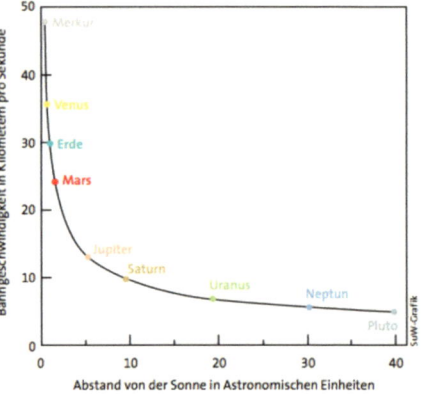

Abb. 5: Rotationsgeschwindigkeit der Planeten in unserem Sonnensystem.

bestimmen. Forscher tun dies heutzutage durch die sogenannte Spektralanalyse. Bei diesem wird das Lichtspektrum eines Sterns analysiert. Aufgrund des sogenannten Dopplereffekts kann man dann bestimmen in welche Richtung und mit welcher Geschwindigkeit sich ein Stern bewegt. Der Dopplereffekt ist der gleiche Effekt, den man auch bei einem herannahenden beziehungsweise sich entfernenden Polizeiwagen beobachten kann. Bei einem herannahenden Polizeiwagen scheint der Ton der Sirene immer höher zu werden, bei einem sich entfernenden Polizeiwagen wird der Ton scheinbar wieder tiefer. Dies hat damit zu tun, dass beim Herannahen des

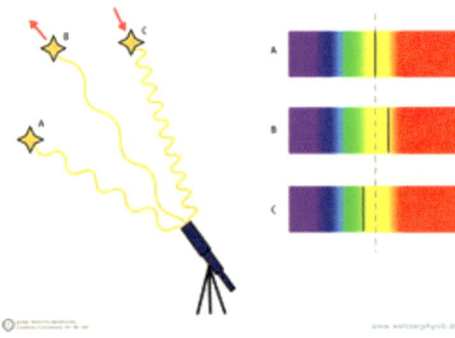

Abb. 6: Der Dopplereffekt.

[12] LESCH, H. (Moderator) (1999). α-Centauri - Folge 12: Was ist Dunkle Materie?. [Serie]. München: Bayrischer Rundfunk

10

Polizeiwagens die Schallwellen aufgrund der Vorwärtsbewegung gestaucht werden, kürzere Schallwellen bedeuten auch höhere Töne. Beim entfernen werden sie gestreckt, was längere Schallwellen und tiefere Töne bedeutet.

Den gleichen Effekt kann man auch bei Lichtwellen beobachten. Bewegt sich der Stern auf die Erde zu, wirkt sein Licht bläulicher, bewegt er sich weg, wirkt es rötlicher.

Die Pionierarbeiten auf diesem Gebiet leisteten amerikanische Forscher um VERA RUBIN und KENT FORD Anfang der 1970er Jahre.[13] Was sie entdeckten, war eine andere Rotationskurve als sie erwartet hatten. Zu Beginn stieg mit der Entfernung zum Zentrum der Galaxie auch die Rotationsgeschwindigkeit stark an, doch dann blieb die Rotationsgeschwindigkeit bei Geschwindigkeiten zwischen 100 und 200 km/s konstant.[16] Dies stimmte mit den Berechnungen nicht überein. (s. Grafik)

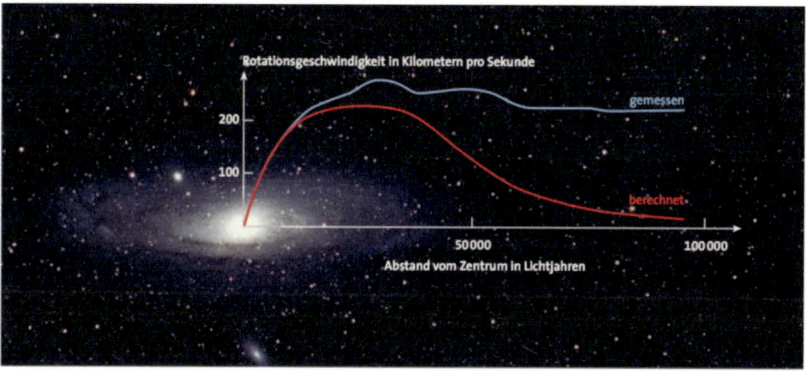

Abb. 7: Rotationsgeschwindigkeiten von Galaxien.

Der starke Anstieg zu Beginn, war auch das was die Forscher erwartet hatten. Dies lässt sich damit begründen, dass die Dichte der (sichtbaren) Materie mit steigender Entfernung vom Zentrum der Galaxie immer mehr abnimmt und die Sterne damit schneller rotieren können. Der Grund warum der Graph genau das Gegenteil dessen was wir aus unserem Sonnensystem kennen ist, ist der, dass im Universum nicht 99% der Masse in einem Objekt im Zentrum des Universums konzentriert ist, sondern, dass die Masse über die vielen Sterne verteilt ist.

Ab einer bestimmten Entfernung wird in einer Spiralgalaxie die (sichtbare) Materiedichte jedoch so gering, dass die gemessenen Veränderungen der Rotationsgeschwindigkeiten denen entsprechen sollten, die wir auch hier in

[13] BARTELMANN, M. (2009): Die dunkle Seite des Kosmos. In: BÜHRKE, T. & WENGENMAYR, R. (Hrsg.): Geheimnisvoller Kosmos, Weinheim: WILEY-VCH Verlag, S. 144-151.

unserem Sonnensystem beobachten können, nämlich ein Abfall der Geschwindigkeit, proportional zur Entfernung vom Galaxiezentrum.[16] Doch die Messungen ergaben etwas anderes. Anstatt eines Abfalls, blieb die Rotationsgeschwindigkeit konstant bei etwa 200 km/s, damit müssten die rotierenden Sterne aufgrund der hohen Zentrifugalkraft eigentlich aus der Galaxie herausgeschleudert werden. Dies konnte man sich mit der sichtbaren Materie nicht erklären, da diese immer weiter abnahm, folglich muss es in diesen Galaxien etwas anderes mit einer Schwerkraft geben, denn wäre zum Beispiel auch das Verhältnis aus Schwerkraft und Zentrifugalkraft, welches die Sterne auf ihren Bahnen hält, ungleich und die Sterne würden aufgrund der hohen Rotationsgeschwindigkeit einfach aus der Galaxie geschleudert werden. Diese „Dunkle Materie" muss also ein Stoff sein, welcher eine eigene Schwerkraft hat, der aber keine elektromagnetischer Strahlung emittiert und nicht mit ihr interagiert.

Woraus besteht sie?

Es gibt verschiedene Theorien, die sich mit der Dunklen Materie beschäftigen, trotzdem konnte bisher noch nicht geklärt werden woraus diese nun genau besteht. Prinzipiell kann man die Theorien um den Aufbau der Dunklen Materie in zwei Unterklassen aufteilen: baryonische Dunkle Materie und nicht-baryonische Dunkle Materie.

Baryonische Dunkle Materie

MACHOs - Massive Astrophysical Compact Halo Object

Eine der ersten Theorien war es, dass sogenannte MACHOs für diesen Effekt verantwortlich sein könnten. MACHOs sind im Prinzip Sternleichen, welche kein Licht mehr emittieren. Bei 100-200 Milliarden Sternen in einer Galaxie ist es durchaus ein plausible Vorstellung, dass es einige große Sternleichen gibt, die mit ihrer immer noch sehr starken Schwerkraft diese Effekte hervorrufen.[16]

Es gibt verschiedene, bereits bekannte, Himmelsobjekte, welche zu den MACHOs gezählt werden könnten, zum Beispiel: [14]

• Schwarze Löcher

• Braune Zwerge

• Neutronensterne

---

[14] MATTSON, B. (2009): The Hidden Lives Of Galaxies - Hidden Mass. http://imagine.gsfc.nasa.gov/docs/teachers/galaxies/imagine/dark_matter.html, 04.02.2013

Jedoch haben diese MACHOs alle etwas gemeinsam. Wenn sie zwischen einem Beobachter und einem Stern liegen, bündeln sie, aufgrund ihrer Schwerkraft, das Licht dieses Sterns, wie eine Linse, so dass er auf einmal heller erscheint. Im Jahr 1986 schlug der Forscher BOHDAN PACZYNSKI vor, diese Erscheinung zu nutzen um MACHOs zu beobachten. Seitdem haben mehrere Forschergruppen MACHOs vor und in der kleinen und großen Magellanschen Wolke beobachtet. Zwar konnten sie dieses Phänomen einige Male beobachten, jedoch gibt es den Beobachtungen nach viel zu wenige MACHOs, als dass deren Schwerkraft ausreichen würde um die Rotationsgeschwindigkeiten der Sterne zu erklären. Es wird also angenommen, dass MACHOs zwar einen Teil der Dunklen Materie ausmachen, dass es jedoch noch etwas anderes geben muss, das den größten Teil der Dunklen Materie ausmacht.

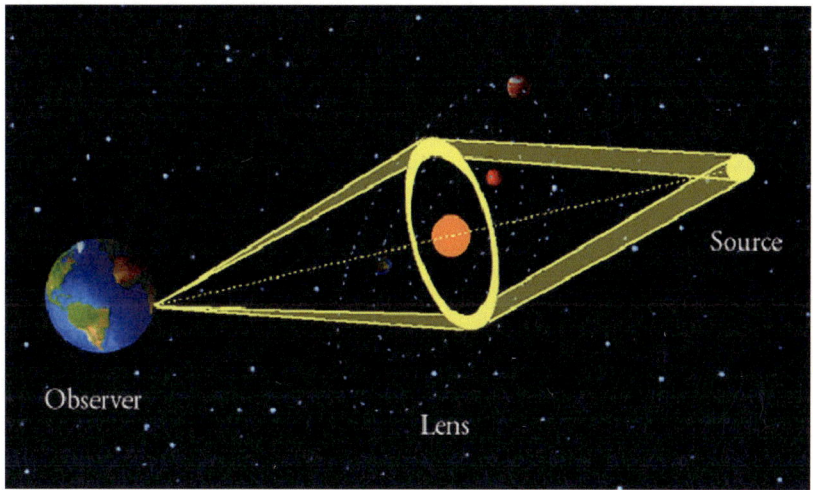

Abb. 8: MACHOs wirken wie eine Linse und lassen Sterne heller erscheinen.

Kaltes Gas oder kalte Staubwolken

Möglicherweise sind auch andere baryonische, dass heißt uns bereits bekannte, Teilchen für die abnormalen Geschwindigkeiten an den Rändern von Spiralgalaxien verantwortlich. Vorstellbar wären zum Beispiel große Gas- und Staubmassen, welche durch ihre Gravitation diesen Effekt hervorrufen. Da heiße Gas- bzw. Staubwolken für Radioteleskope sichtbare Strahlung emittieren würden, müssten diese folglich kalt sein und damit für den Beobachter auf der Erde unsichtbar.

Jedoch ist es sowohl beim kalten Gas als auch beim kalten Staub unwahrscheinlich dass diese Massen bisher für menschliche Teleskope unentdeckt geblieben sind. Bei großen Gasmassen ist es sehr unwahrscheinlich, dass diese sich dauerhaft nicht erwärmen. Außerdem würden Gase mit der nötigen Masse deutlich mehr Raum einnehmen als im interstellaren Bereich verfügbar ist. Staub hingegen reemittiert dass Licht von Sternen und wäre somit im Infrarotbereich für Radioteleskope sichtbar. [15]

Deshalb ist es zwar möglich, dass der Effekt, den man sich durch Dunkle Materie erklärt, in manchen Bereichen des Universums durch kalte Gas- und/oder Staubwolken hervorgerufen wird, jedoch ist das sehr unwahrscheinlich.

Nicht-baryonische Dunkle Materie

WIMP's - Weakly Interactive Massive Particles (Kalte Dunkle Materie)

Die heute bei Wissenschaftlern beliebteste Theorie zum Aufbau der Dunklen Materie postuliert die Existenz kleiner Teilchen, welche die Forscher Weakly Interactive Massive Particles, kurz WIMP's nennen. WIMP ist ein Wortspiel mit dem englischen Wort „wimp", was so viel bedeutet wie „Weichei". Diese kleinen Teilchen stehen natürlich im Gegensatz zu den Macho, also einem Mann, der sich besonders männlich gibt[16], welche kosmische Objekte von enormer Größe sein können.

Zur Zeit ist noch wenig bekannt über diese Teilchen. Für das WIMP nimmt man an, dass es ein Teilchen ist, was kalt ist und sich langsam bewegt, im Gegensatz zu der Heißen Dunklen Materie (siehe unten). WIMPs interagieren nicht mit elektromagnetischer Strahlung, sind deshalb auch nicht sichtbar, weder für das menschliche Auge ($4{,}0 \cdot 10^{14}$ Hz bis $7{,}9 \cdot 10^{14}$ Hz)[17], noch für moderne „Teleskope" welche elektromagnetische Strahlung in allen Frequenzbereichen detektieren und darstellen können. Dies macht die Forschung in diesem Bereich sehr schwierig.

Zur Erforschung der WIMPs, bzw. um ihre Existenz zu beweisen, gibt es drei möglich Ansätze zur Erforschung:

---

[15] KELL, A. (2011): Dunkle Materie - Kandidaten aus der Teilchenphysik. http://www.desy.de/~troms/teaching/ WiSe1112/talks/Kell_Vortrag.pdf. 14.04.13

[16] BIBLIOGRAPHISCHES INSTITUT GMBH (2012): Macho. http://www.duden.de/rechtschreibung/Macho, 08.04.13

[17] WILEY INFORMATION SERVICES GMBH (2013): Lerneinheit: Einordnung von Lichtwellen ins elektromagnetische Spektrum - Das optische Spektrum. http://www.chemgapedia.de/vsengine/vlu/vsc/de/ph/14/ep/einfuehrung/ wellenoptik/spektrum.vlu/Page/vsc/de/ph/14/ep/einfuehrung/wellenoptik/spektrum.vscml.html, 21.03.13

Direkte Detektion [18]

Um das Rätsel um die Dunkle Materie zu lösen versuchen Wissenschaftler vielerorts die Existenz des WIMPs zu beweisen. Dies ist natürlich ein schwieriger Prozess, da man nur wenig über die Eigenschaften dieses Teilchens weiß. Es gibt jedoch einige Experimente, die versuchen durch verschiedenste Ansätze die Existenz dieses unsichtbaren Teilchens zu beweisen.

Der erste Ansatz basiert auf der Annahme, dass WIMPs beim Auftreffen auf einen Atomkern elastisch streuen und dabei einen gewissen Rückstoß auf den entsprechenden Atomkern übertragen. Dieser Rückstoß würde eine minimale Erwärmung des entsprechenden Stoffes hervorrufen. Diese Erwärmung könnte man messen und damit die Existenz des WIMPs nachweisen.

Einige Forschergruppen beschäftigen sich zur Zeit mit dieser Methode, WIMPs nachzuweisen. Es ist erforderlich, Experimente dieser Art in tiefen Minen oder Tunneln durchzuführen, da ansonsten kosmische Höhenstrahlung, welche in Minen oder Tunneln abgefangen wird, die Messergebnisse verfälschen würde. Außerdem darf der Detektor nur von Materialien umgeben sein, die nur wenig bis gar keine Radioaktivität enthalten, da sonst diese Energiedispositionen verursachen würde, welche viel zu häufig wären. Dadurch würde es unmöglich die minimale Erwärmung zu messen, welche vom Auftreffen eines WIMPs verursacht würde.

Bisher wurden durch das DAMA/NaI-Experiment (DArk MAtter search) im italienischen Gran Sasso Tunnel, wo sich das weltweit größte Labor dieser Art befindet, einige Temperaturänderungen gemessen, die auf WIMPs zurückzuführen sein könnten. Derzeit wird das sogenannte DAMA/LIBRA-Experiment durchgeführt, welches diese Messungen bestätigen soll.

Analyse kosmischer Strahlung

Eine weitere Methode, die zur Zeit durch Wissenschaftler bei der Suche nach den WIMPs angewandt wird, ist der Versuch diese Teilchen nicht direkt zu detektieren, sondern ihre „Abfallprodukte" zu messen. In der Theorie werden bei sogenannten WIMP-Annihilationen, dass heißt dem Zusammenstoß eines WIMPs und eines Anti-WIMPs, die es aufgrund der Gesetze der Super-Symmetrie zwangsläufig geben muss, sowohl Energie als auch andere Teilchen, wie zum Beispiel

---

[18] DESY (2012): Nachweis von Dunkler Materie. http://www-zeuthen.desy.de/~kolanosk/astro0506/skripte/dm02.pdf, 21.03.13.

Neutrinos, freigesetzt.[19] Sollte es WIMPs tatsächlich geben, würden sie sich aufgrund ihrer hohen Masse vorwiegend in Gebieten mit einer dichten Masse, wie zum Beispiel unserer Sonne, sammeln. Dies würde einen messbaren Neutrino-Exzess gegenüber der Menge, die normalerweise durch Kernfusion im Zentrum der Sonne von dieser ausgehen, zur Folge haben. Dieses Prinzip würde nicht nur mit Neutrinos, sondern auch mit allen weiteren Produkten einer WIMP-Annihilation, wie etwa Positronen, funktionieren, so lange jegliche andere Quelle ausgeschlossen werden könnte. Hierdurch könne man dann die Existenz des WIMPs beweisen und damit das Rätsel um die Dunkle Materie lösen.

Auf diesem Gebiet wird aktuell aktiv geforscht. So zum Beispiel etwa mit dem sogenannten AMS-Detektor (Alpha Magnetic Spektrometer) welcher zur Zeit an der Internationalen Raumfahrt-Station ISS angebracht ist. Am 3. April 2013 vermeldeten der führende Forscher dieses Experiments SAMUEL TING, dass der AMS eine erhöhte Menge an Positronen gemessen hatte, die möglicherweise von WIMP-Annihilationen stammen könnten. Jedoch konnten die Forscher noch nicht ausschließen, dass es sich hierbei nicht um Positronen aus anderen Quellen, wie etwa Pulsaren, handelt.[20]

Heiße Dunkle Materie

Lange Zeit gab es auch Theorien, dass nicht ein kaltes, langsames, unbekanntes Teilchen für die hohe Rotationsgeschwindigkeit verantwortlich sein könnte, sondern ein heißes, schnelles Teilchen. Das Neutrino wurde als heißer Kandidat für diese Heiße Dunkle Materie gehandelt, da es kaum mit anderer Materie wechselwirkt. Dadurch war es schwer zu erforschen und hätte durchaus „die" Dunkle Materie sein können. Heute weiß man jedoch, dass die Masse des Neutrinos viel zu gering um die nötige Gravitationskraft zu haben.[21]

---

[19] POINAR, K. (2009): What can solar neutrinos tell us about dark matter? http://students.washington.edu/kpoinar/Class_projects_files/WIMPsun.pdf; 06.04.13

[20] MATSON, J. (2013): Dark Matter Signal Possibly Registered on International Space Station. In: American Scientist. http://www.scientificamerican.com/article.cfm?id=dark-matter-ams&WT.mc_id=SA_sharetool_Twitter, 06.03.13

[21] FREISTETTER, F. (2008): Wissenschaft am LHC: Die Suche nach Dunkler Materie. http://scienceblogs.de/astrodicticum-simplex/2008/09/10/wissenschaft-am-lhc-die-suche-nach-dunkler-materie/, 14.04.13.

Axion

Das Axion ist ebenfalls ein bisher hypothetisches Teilchen. Es wurde ursprünglich postuliert um das bei der starken Wechselwirkung auftretende starke CP-Problem zu lösen.

Die starke Wechselwirkung erklärt im Standardmodell der Teilchenphysik die Wechselwirkung zwischen Quarks und Gluonen. Dadurch wird zum Beispiel erklärt wieso die Quarks im Kern von Protonen zusammenhalten.[22] Das starke CP-Problem ist beschreibt die Tatsache, dass bei der starken Wechselwirkung keine CP-Verletzung auftritt. CP-Verletzung nennt man ein Problem beim Zerfall von Materie und Antimaterie. Laut der sogenannten CP-Erhaltung hat Antimaterie genau die spiegelverkehrten Eigenschaften ihres „Materie-Gegenstücks". Demnach müsste ein Materie-Teilchen genauso wahrscheinlich zerfallen wie das entgegengesetzte Antimaterie-Teilchen. Jedoch zerfallen Antimaterie-Teilchen zu 0,2% wahrscheinlicher als ihr entgegengesetztes Materie-Teilchen. Diese Tatsache erklärt auch die Materiedominanz in unserem Universum. [23]

Da das Axion, um das CP-Problem zu lösen, so gut wie gar nicht mit anderer Materie interagieren dürfte und dadurch nicht zu detektieren wäre ist es ein sehr attraktiver Anwärter für die Dunkle Materie. Jedoch konnte auch dieses Teilchen bisher nicht nachgewiesen werden.

Momentan gibt es in den Vereinigten Staaten eine Vereinigung von Wissenschaftlern bekannter Universitäten welche versuchen Axionen in Photonen umzuwandeln und diese damit nachzuweisen.[24]

Weiteres

Des weiteren wurden bisher andere hypothetische Teilchen, wie etwa das Photino oder das Monopol, vorgeschlagen um die Dunkle Materie zu erklären. Außerdem gibt es eine große Masse an weiteren Theorien. Diese möchte ich an dieser Stelle nicht weiter erläutern, da diese Theorien in der heutigen Wissenschaft wenig bis

---

[22] Schmitz, D. (2008): starke Wechselwirkung. http://www.physicsmasterclasses.org/exercises/bonn1/de/ ww_stark.htm, 14.04.13.

[23] Lotter, J.C. (2006): Kosmologie für Eilige: CP-Verletzung. http://kosmologie.fuer-eilige.de/cpverletzung.htm, 14.04.13.

[24] Rosenberg, L. (2012): ADMX - Axion Dark Matter eXperiment. http://www.phys.washington.edu/groups/admx/ home.html, 14.04.13

gar keine Rolle mehr spielen und die ausführliche Erklärung an dieser Stelle zu lange dauern würde.

Zusammenfassung

Zusammenfassend kann man zur Dunklen Materie sagen, dass es sie eigentlich nicht gibt. Der Begriff Dunkle Materie beschreibt eher eine Beobachtung, welche vermutlich durch nicht, bzw. nur schwer sichtbare baryonische Objekte, wie etwa MACHOs und möglicherweise auch durch bisher unbekannte Objekte oder Teilchen, wie etwa WIMPs, verursacht wird.

Dunkle Energie

Bei der Dunklen Energie handelt es sich ebenfalls um eine bisher noch hypothetische Substanz bzw. Energieform, ebenso wie die Dunkle Materie. Genau wie bei der Dunklen Materie baut sich die Theorie der Dunkle Energie auf bisher unerklärbare Beobachtungen im Kosmos auf. Jedoch weiß man über die Dunkle Energie bisher sogar noch weniger als über die Dunkle Materie.

Woher weiß man, dass es sie gibt?

Bis vor kurzem nahm man an, dass sich das Universum zwar seit dem Urknall ausdehnt, dass diese Ausdehnung sich jedoch, aufgrund der Gravitation aller massigen Objekte, verlangsamen müsse und dass sich das Universum schließlich wieder zusammenziehen müsste. Jedoch beobachteten zwei Forschergruppen um die amerikanischen Forscher SAUL PERLMUTTER, BRIAN P. SCHMIDT und ADAM REISS, dass sich das Universum trotz Gravitation immer weiter ausdehnt und zwar mit steigender Geschwindigkeit, wofür sie 2011 den Nobelpreis in der Kategorie Physik erhielten.

Einen guten Vergleich liefert ein Artikel in der „Welt": *„Der Kosmos wächst wie ein Hefekuchen. Jeder Punkt entfernt sich von jedem anderen, und je weiter zwei Punkte voneinander entfernt sind, desto schneller wächst ihre Distanz. Doch anders als bei einem Hefekuchen beschleunigt sich die Ausdehnung des Weltalls auch noch – statt wie erwartet von der Schwerkraft der Sterne und Galaxien langsam abgebremst zu werden."* (DPA/CO; Die Welt, 16.11.2012) [25]

Abb. 8: Bild einer Supernova.

1988 bzw. 1994 begannen beide Forschergruppen die Suche nach Supernovae (SN) des Typs 1a um genau das Gegenteil zu beweisen, nämlich dass sich die Ausdehnung des Universums verlangsamt. Eine SN Typ 1a kommt in Binärsystemen mit einem Roten Riesen und einem weißen Zwerg vor. Der Weiße Zwerg schafft es hier durch seine hohe Gravitation seinem Partner Masse zu entziehen. Sollte er eine Sonnenmasse von 1,4 erreichen, dann explodiert er in einer thermonuklearen Explosion, also einer SN Typ 1a.

[25] DPA/CO (2012): 16 Minuten vor dem Ende der Zeit explodiert die Erde. http://www.welt.de/wissenschaft/weltraum/article111189577/16-Minuten-vor-dem-Ende-der-Zeit-explodiert-die-Erde.html, 07.12.12.

Der Vorteil dieses Typs SN ist, dass er immer exakt die gleiche Menge Energie abstrahlt. Dadurch dass die Energiemasse, die die Erde erreicht abhängig von der Entfernung der SN zur Erde ist, kann man anhand der auf der Erde messbaren Helligkeit der SN ebenfalls messen in welcher Entfernung die Supernova sich zur Erde befindet.

Durch das Fotografieren von Himmelsabschnitten konnten die Forscher um PERLMUTTER, SCHMIDT und REISS Fotos von Supernovae schießen. Da die Helligkeit von weiter entfernten Sternen geringer war als angenommen konnten sie schließlich 1998[26] daraus schließen, dass sich das Universum weiter ausdehnt.[27]

Diese Tatsache bringt unsere bisherige Vorstellung vom Universum ins wanken. Denn dass sich unser Universum weiter ausdehnt widerspricht den heute bekannten Gesetzen der Schwerkraft.

Kosmologische Konstante

Als ALBERT EINSTEIN seine allgemeine Relativitätstheorie aufstellte ging er davon aus, dass das Universum statisch sei und sich nicht verändere. Damit seine Gleichungen jedoch ein statisches Universum beschreiben konnten und damit die vermeintliche Wirklichkeit darstellen konnten musste er eine sogenannte Kosmologische Konstante einführen. Als 1929 jedoch durch E. HUBBLE nachgewiesen wurde, dass das Universum expandiert verwarf EINSTEIN die Kosmologische Konstante als „die größte Eselei seines Lebens".

Jedoch stellt sich nun heraus, dass sich die Kosmologische Konstante vermutlich hervorragend eignet um die Dunkle Energie zu beschreiben. Durch eine neue Interpretation der Gleichungen, so WOLFGANG HILLEBRANDT vom Max-Planck-Institut für Astrophysik, könnte die Konstante perfekt die Dunkle Energie repräsentieren.[28]

---

[26] GROTELÜSCHEN, F. (2011): Physik-Nobelpreis 2011: Das Universum bläht sich auf. http://www.fr-online.de/wissenschaft/physik-nobelpreis-2011-das-universum-blaeht-sich-auf,1472788,10965024.html, 02.12.12

[27] DAMBECK, H. (2011): Physik-Nobelpreis 2011: Kosmische Kerzen bestätigen Einstein - SPIEGEL ONLINE. http://www.spiegel.de/wissenschaft/mensch/physik-nobelpreis-2011-kosmische-kerzen-bestaetigen-einstein-a-789855.html, 01.12.12

[28] DAMBECK, H. (2005): Kosmologische Konstante: Einsteins „Eselei" entpuppt sich als Geniestreich. http://www.spiegel.de/wissenschaft/weltall/kosmologische-konstante-einsteins-eselei-entpuppt-sich-als-geniestreich-a-386648.html, 20.04.13.

Bedeutung

Die größte Bedeutung hat die Dunkle Energie für die Ausbreitung des Universums. Durch die Dunkle Energie beschleunigt sich die Ausbreitung des Universums, anstatt sich, aufgrund der Gravitation massiger Objekte, zu verlangsamen. Jedoch wird der Dunklen Materie auch die Verantwortlichkeit für die flache (euklidische) Form des Universums zugeschrieben. Sie könnte die fehlenden 65% der Masse bereitstellen, die von Nöten sind damit eine solche Form entsteht. Sie hat auch eine große Bedeutung in Modellen, welche die Bildung von Galaxien simulieren. Hier stellt sie einen wichtigen Parameter für die Berechnungen dar.

Erklärungsversuche

Die Dunkle Energie ist ein Thema, an dem zur Zeit intensiv geforscht wird, denn sie stellt eines der größten Geheimnisse unseres Universums dar. Wie die Zeit berechtigterweise fragte: „Kann es für die Vergrößerung von Unwissen einen Nobelpreis geben? Aber sicher!" (SCHNABEL, U.; Zeit, 02.12.12)[29] Denn genau dies taten PERLMUTTER, SCHMIDT und REISS mit ihrer Forschung. Nun versuchen viele Forscher mit vielen Experimenten die Lücken zu füllen, die durch diese drei Nobelpreisträger aufgedeckt worden sind. Im Moment haben sie jedoch noch viel Handlungsspielraum, da es noch wenige Einschränkungen gibt um unsere Vorstellung von der Dunklen Energie zu konkretisieren.

Vakuumflukationen

Damit die Dunkle Energie die Ausdehnung des Universums bewirken kann, muss es einen negativen Druck erzeugen. Dieser Druck könnte durch eine Art von Quantenfeld erzeugt werden. Dieses Quantenfeld wird in einem Vakuum kreiert, wie wir es beispielsweise häufig in unserem Universum vorfinden. In einem Vakuum, als einem teilchenleeren Raum, ist überall eine latent vorhandene Energie. Diese resultiert aus dem ständigen entstehen und verschwinden bestimmter Teilchen, sogenannten Vakuum- bzw. Quantenflukationen. Dieser Vorgang ist sogar wissenschaftlich bewiesen, jedoch ergeben Berechnungen, dass die dabei entstehende Energie um etwa 120 Zehnerpotenzen zu hoch ist um die Ursache für das Phänomen der Dunklen Energie erklären zu können. Wenn dies der Fall wäre hätte sich das Universum deutlich schneller ausgedehnt und es

---

[29] SCHNABEL, U. (2011): Nobelpreis in Physik: Mehr, als das Auge sehen kann. In: Die Zeit. Nr. 41. Ausgabe vom 06.11.11.

wäre vermutlich nicht möglich gewesen, dass sich Materie verklumpt und somit Galaxien entstehen. Wir hätten also ein leeres Universum.[30]

Quintessenz

Die Theorie der Vakuumflukationen geht davon aus, dass die Kosmologische Konstante Einsteins zutrifft und dass die Dunkle Energie damit unveränderlich ist, also eine „Konstante". Wenn man aber davon ausgeht, dass sich die Stärke dieser Energie über die Zeit ändert kommt eine andere Theorie infrage: die Quintessenz-Theorie. Hier kommt mathematisch gesehen ein sogenanntes skalares oder auch Quintessenz-Feld infrage[31], also ein Feld in dem jeder Punkt eindeutig einem Skalar, also einer Größe, die alleine durch einen Zahlenwert bestimmt ist, zugeordnet ist.[32] Physikalisch gesehen weiß man leider noch nicht um was für eine Art von Feld es sich handeln könnte. Nach Quintessenz-Modellen nimmt die stärke dieses Feldes zeitlich ab und die Kraft dieses Feldes ist inhomogen verteilt.

Eigenschaft des Raumes

Möglicherweise ist die Dunkle Energie auch keine Materie- oder Energieform, sondern eine Eigenschaft des Raumes selbst, wie es zum Beispiel auch die Lichtgeschwindigkeit ist. Wenn dies so wäre gäbe es keine weitere Erklärung für das Phänomen der Ausdehnung. Dies wäre dann einfach so hinzunehmen.

Änderung der Gesetze der Gravitation

Einige Forscher sind auch der Meinung, dass die Beobachtungen von PERLMUTTER, SCHMIDT und REISS keineswegs mit einer neuen Energie- oder Materieform zusammenhängt sondern uns vielmehr zeigen, dass unsere Vorstellung von der Gravitation veraltet und falsch ist. Die Gesetze der Gravitation, wie wir sie heute kennen, im wesentlichen gegen Mitte des 17. Jahrhunderts durch ISAAC NEWTON geprägt[33], könnten falsch sein. Dies könnte sowohl die Lösung für

---

[30] PANEK, R. (2007): Die geheime Kraft des Kosmos. In: P.M. Magazin. Ausgabe 07/2007.

[31] BRAUN, T. (2008/09): Dunkle Energie. http://pauli.uni-muenster.de/tp/fileadmin/lehre/teilchen/ws0809/DunkleEnergie.pdf, 22.04.13.

[32] VASSILEVSKAYA, L. (2011): Skalarfelder. http://www.mp.haw-hamburg.de/pers/Vassilevskaya/download/m2/va/scalar-1.pdf, 22.04.13

[33] LEONHARTSBERGER, C. (2003): Gravitation. http://schulen.eduhi.at/riedgym/physik/11/gravitation/gravitation.htm, 24.04.13

das Problem der Dunklen Energie, als auch möglicherweise dem der Dunklen Materie bieten.[34]

Beweisversuche

Obwohl zur Zeit noch eine konkrete Vorstellung über die Beschaffenheit der Dunklen Materie fehlt, gibt es doch schon einige Experimente, welche versuchen die Dunkle Energie zu finden, beziehungsweise zu beweisen, da die Dunkle Energie zur Zeit noch zu den größten und geheimnisvollsten Erscheinungen unseres Universums gehört.

Dark Energy Survey (DES)

Was sich hinter dem Namen „Dark Energy Survey" verbirgt ist eine 570-Megapixel-Kamera von der Größe einer Telefonzelle. Sie hat die Möglichkeit in einem Bild bis zu 100.000 Galaxien zu fotografieren und damit 8 Milliarden Jahre zurück in die Vergangenheit unseres Universums zu blicken.

Durch diese Bilder, von denen die DES in den nächsten fünf Jahren etwa 3.000 Stück machen wird erhoffen sich Forscher Sternhaufen analysieren zu können um die Auswirkungen der Dunklen Energie sehen zu können. Die Dunkle Energie müsste hier der Schwerkraft entgegengewirkt haben und dadurch die Zusammenballung der Sternhaufen gebremst haben.

Des weiteren müsste auch bei der Dunklen Energie der Gravitationslinseneffekt wirken (siehe Seite 12 f.). Auch hierdurch könnte die DES möglicherweise die Dunkle Energie nachweisen. Jedoch ist die Dunkle Energie vermutlich homogen über das gesamte Universum verteilt, weshalb man den Gravitationslinseneffekt vermutlich nicht beobachten kann.

Des Weiteren erhoffen sich die Forscher des DES während der fünf Jahre etwa 4.000 Supernovae Typ 1a zu fotografieren und dadurch weiteres Beweismaterial für die Dunkle Energie zu bekommen.

Die vierte Variante ist die großräumige Verteilung der Galaxien zu analysieren und dadurch Rückschlüsse über die Dunkle Energie zu treffen. Forscher versuchen hierbei außerdem aus der kosmischen Hintergrundstrahlung sogenannte akustische Baryon-Oszillationen herauszulesen, einer Art Schallwellen aus dem

---

[34] DPA/CO (2012): 16 Minuten vor dem Ende der Zeit explodiert die Erde. http://www.welt.de/wissenschaft/weltraum/article111189577/16-Minuten-vor-dem-Ende-der-Zeit-explodiert-die-Erde.html, 07.12.12.

jungen, noch heißen Universum. Auch sie können uns Auskünfte über die Expansion des Universums geben.[35]

Baryon Oszillation Spectroscopic Survey (BOSS)

Die BOSS ist ein Experiment, was sich speziell auf die sogenannten akustischen Baryon-Oszillationen, also auf die vom Urknall ausgehende Hintergrundstrahlung in unserem Universum, fokusiert. Anhand dieser Baryon-Oszillationen hat BOSS bisher etwa 500.000 Galaxien aus einer Entfernung von bis zu sieben Milliarden Lichtjahren katalogisiert und analysiert. Ziel des ganzen ist es eine dreidimensionale Karte des beobachtbaren Universums zu erstellen. Dafür wird BOSS in den nächsten Jahren insgesamt etwa 1.5 Milliarden Galaxien analysieren.

Es ist außerdem durchaus plausibel, dass durch die akustische Baryon-Oszillation weitere Beweise für die Dunkle Energie gefunden werden.[35]

Euclid

Auch die europäische Raumfahrtbehörde ESA beginn gegen Mitte 2013 mit dem Bau eines Weltraumteleskops. Dieses soll gegen 2020 die Suche nach der Dunklen Materie aufnehmen. Euclid wird in etwa die gleichen Ziele haben wie die DES, also die Suche nach Dunkler Energie durch Analyse von Sternhaufen, Gravitationslinseneffekte, Analyse von Supernovae und akustische Baryon-Oszillation. Jedoch wird Euclid in der Lage sein bis zu 10 Milliarden Jahre zurück in die Vergangenheit unseres Universums zu sehen, 2 Milliarden Jahre mehr als die DES.[36]

Abb. 9: Der Satellit Euclid.

Zusammenfassung

Zu der Dunklen Energie gibt es zusammenfassend nur wenig zu sagen. Man weiß bisher sehr wenig über die Ursache für die immer schneller werdende Ausdehnung unseres Universums. Es gibt hier für Forscher viel zu tun, bis wir möglicherweise irgendwann endlich wissen warum unser Universum sich immer weiter ausdehnt.

---

[35] DPA/CO (2012): 16 Minuten vor dem Ende der Zeit explodiert die Erde. http://www.welt.de/wissenschaft/ weltraum/article111189577/16-Minuten-vor-dem-Ende-der-Zeit-explodiert-die-Erde.html, 07.12.12.

[36] EUROPEAN SPACE AGENCY (2013): ESA Science & Technology: Euclid. http://sci.esa.int/Euclid, 24.03.13.

Diskussion

Ein großes Problem der empirischen Wissenschaften, beziehungsweise insbesondere der Astrophysik oder Physik im allgemeinen, ist, dass gerade das empirische Arbeiten sich beim heutigen Stand der Forschung als sehr schwierig erweist. Forscher, besonders in den Forschungsbereichen des Mikrokosmos und des Universums, sind so weit vorgestoßen, dass es praktisch unmöglich ist durch einfaches beobachten konkrete Ergebnisse zu erzielen. Forscher auf diesen Gebieten müssen oftmals so Vorgehen, dass sie mit Theorien und indirekten Beobachtungen, als zum Beispiel Auswirkungen einer bestimmten Materie oder "Abfallstoffe" bestimmter Teilchenreaktionen, arbeiten müssen.

Ein Problem, dass sich dabei stellt, ist dass es durch diese ungenauen Beweismethoden viele Personen gibt, die an den aufgestellten Theorien zweifeln.

So hagelt es zum Beispiel zu der hypothetischen Dunklen Materie und der postulierten Dunklen Materie durchaus Kritik. Besonders in Zeiten des Internets geben viele, oftmals jedoch vollkommen unqualifizierte, Menschen ihre Meinung in Foren preis. Zum Beispiel behauptet ein Nutzer des Forums auf astronews.com die Kosmologie drifte „seit vielen Jahren in religiöse Sphären ab".[37] In seinem weiteren Beitrag stellt er die Gravitation in Frage und schlägt eine starke Elektromagnetische Kraft als Ursache für die Erscheinung der Dunklen Materie vor. Doch wie viel ist dran an dieser ansichtsweise? Trotz seiner eher unwissenschaftlichen Herangehensweise argumentiert er nicht schlecht und für Laien möglicherweise recht überzeugend. Dies eben ist ein Problem was sich stellt und was sich ein jeder, der sich mit dem Thema beschäftigt, vor Augen halten sollte: Es handelt sich bei vielem was heutzutage in der Astrophysik und der Teilchenphysik diskutiert wird lediglich um eine Theorie. Ein Laie, der sich in diese Gebiet vorwagt, sollte immer besonders vorsichtig seine Quellen prüfen und auch wagen Theorien selbst kritisch zu überprüfen.

Ob wir Menschen jemals in der Lage sein werden alle Geheimnisse des Universums zu lösen ist eine andere Frage, jedoch ist es unvermeidbar, dass wir bis dahin mit Theorien und Thesen arbeiten müssen um uns unsere Umgebung zu

---

[37] „McDaniel-77" (2012): Dunkle Materie existiert nicht. http://astronews.com/forum/showthread.php?5984-Dunkle-Materie-existiert-nicht, 24.04.13.

erklären. Oftmals ist es auch durchaus schwierig, besonders unter Verwendung des Internets, glaubwürdige von unglaubwürdigen Quellen und sinnvolle von nicht sinnvollen Theorien zu unterscheiden, wie ich selbst bei der Recherche zu meiner Hausarbeit erfahren musste. Man sollte als weniger erfahrene Person auf diesem Gebiet immer folgende Fragen im Hinterkopf behalten: Wie plausibel ist diese Theorie und wie glaubwürdig erscheint die Quelle?

Zusammenfassung

Zusammenfassend kann man zu meiner ursprünglichen Fragestellung „Woraus ist unser Universum zusammengesetzt?" folgendes sagen:

Wenn der Laie sich dieser Fragestellung annähert mag es für ihn, besonders durch Angaben wie etwa die Anteile unterschiedlicher Substanzen an der Gesamtmasse des Universums (siehe S. 4), so erscheinen als seien die Geheimnisse des Universums weitestgehend gelöst. Dass dem nicht so ist erfährt man schnell bei der weiteren Beschäftigung mit dem Thema. Unser Universum bietet weiterhin genügend Rätsel und beim genauen lesen meiner Arbeit fällt auf, dass vieles lediglich Theorien aufgebaut auf einer unerklärlichen Beobachtung sind.

Man könnte fast behaupten, dass sich unser genaues Wissen, was wir über den Aufbau unseres Universums besitzen auf Theorien und Mutmaßungen aufbaut. Bis wir, wenn überhaupt jemals, alle Geheimnisse, die unser Universum für uns bereit hält, gelöst haben, ist noch ein weiter Weg.

Abb. 10: Das Universum steckt voller Geheimnisse.

Literaturverzeichnis

[1] ADAMS, D. (1994): Das Restaurant am Ende des Universums. Berlin: Ullstein Verlag.

[2] TUCKER, L.; THOMPSON, A.; SMITH, J.; COHEN, A.; CLARK, M.; BARRETT, M.; BIRMA, E.; WILLIAMS, G. (Produzent) (2012/13). Horizon - Staffel 49, Folge 03: How Big Is the Universe?. [Serie]. London: British Broadcasting Corporation

[3] DEUTSCHE PHYSIKALISCHE GESELLSCHAFT E.V. (2007): Welt der Physik: Dunkle Materie und Dunkle Energie. http:// www.weltderphysik.de/gebiet/astro/dunkle-materie-und-dunkle-energie/dunkle-materie-und-dunkle-energie/, 10.12.12

[4] NAVE, R. (2001): Hadrons, baryons, mesons. http://hyperphysics.phy-astr.gsu.edu/hbase/particles/hadron.html, 10.12.12

[5] SCHULZ, J. (2003): Hadronen - Aus Quarks zusammengesetzte Teilchen. http://www.quantenwelt.de/elementar/ hadronen.html, 12.12.12

[6] SCHULZ, J. (2002): Leptonen - Elektronen und Neutrinos. http://www.quantenwelt.de/elementar/leptonen.html, 05.04.13

[7] FINCH, U. & LEITNER, E. (2012): Entwicklung der Atomvorstellung. http://www.leifiphysik.de/web_ph12/ geschichte/10atomvorstellung/atom.htm, 02.02.13

[8] FÖLL, H. (2012): Die alten Griechen und das Atom. http://www.tf.uni-kiel.de/matwis/amat/mw1_ge/kap_2/ basics/n2_1_1.html, 02.02.13

[9] STROHMANN, C. (2003): Konzepte der Allgemeinen und Anorganischen Chemie. http://www-anorganik.chemie.uni-wuerzburg.de/strohmann/lehre/download/ac1_3.pdf, 02.02.13

[10] BARTELMANN, M. & STEINMETZ, M. (2010). Sterne und Weltraum 2010/8: 32-43.

[11] DEITERS, S. (2012): Neues über Dunkle Materie in Sonnennähe. http://www.astronews.com/news/artikel/ 2012/08/1208-014.shtml, 02.02.2013

[12] LESCH, H. (Moderator) (1999). α-Centauri - Folge 12: Was ist Dunkle Materie?. [Serie]. München: Bayrischer Rundfunk

[13] BARTELMANN, M. (2009): Die dunkle Seite des Kosmos. In: BÜHRKE, T. & WENGENMAYR, R. (Hrsg.): Geheimnisvoller Kosmos, Weinheim: WILEY-VCH Verlag, S. 144-151.

[14] MATTSON, B. (2009): The Hidden Lives Of Galaxies - Hidden Mass. http://imagine.gsfc.nasa.gov/docs/teachers/ galaxies/imagine/dark_matter.html, 04.02.2013

[15] KELL, A. (2011): Dunkle Materie - Kandidaten aus der Teilchenphysik. http://www.desy.de/~troms/teaching/ WiSe1112/talks/Kell_Vortrag.pdf. 14.04.13

[16] BIBLIOGRAPHISCHES INSTITUT GMBH (2012): Macho. http://www.duden.de/rechtschreibung/Macho, 08.04.13

[17] WILEY INFORMATION SERVICES GMBH (2013): Lerneinheit: Einordnung von Lichtwellen ins elektromagnetische Spektrum - Das optische Spektrum. http://www.chemgapedia.de/vsengine/vlu/vsc/de/ph/14/ep/einfuehrung/ wellenoptik/spektrum.vlu/Page/vsc/de/ph/14/ep/einfuehrung/wellenoptik/spektrum.vscml.html, 21.03.13

[18] DESY (2012): Nachweis von Dunkler Materie. http://www-zeuthen.desy.de/~kolanosk/astro0506/skripte/ dm02.pdf, 21.03.13.

[19] POINAR, K. (2009): What can solar neutrinos tell us about dark matter? http://students.washington.edu/kpoinar/ Class_projects_files/WIMPsun.pdf; 06.04.13

[20] MATSON, J. (2013): Dark Matter Signal Possibly Registered on International Space Station. In: American Scientist. http://www.scientificamerican.com/article.cfm?id=dark-matter-ams&WT.mc_id=SA_sharetool_Twitter, 06.03.13

[21] FREISTETTER, F. (2008): Wissenschaft am LHC: Die Suche nach Dunkler Materie. http://scienceblogs.de/ astrodicticum-simplex/2008/09/10/wissenschaft-am-lhc-die-suche-nach-dunkler-materie/, 14.04.13.

[22] SCHMITZ, D. (2008): starke Wechselwirkung. http://www.physicsmasterclasses.org/exercises/bonn1/de/ww_stark.htm, 14.04.13.

[23] LOTTER, J.C. (2006): Kosmologie für Eilige: CP-Verletzung. http://kosmologie.fuer-eilige.de/cpverletzung.htm, 14.04.13.

[24] ROSENBERG, L. (2012): ADMX - Axion Dark Matter eXperiment. http://www.phys.washington.edu/groups/admx/home.html, 14.04.13

[25, 34, 35] DPA/CO (2012): 16 Minuten vor dem Ende der Zeit explodiert die Erde. http://www.welt.de/wissenschaft/weltraum/article111189577/16-Minuten-vor-dem-Ende-der-Zeit-explodiert-die-Erde.html, 07.12.12.

[26] GROTELÜSCHEN, F. (2011): Physik-Nobelpreis 2011: Das Universum bläht sich auf. http://www.fr-online.de/wissenschaft/physik-nobelpreis-2011-das-universum-blaeht-sich-auf,1472788,10965024.html, 02.12.12

[27] DAMBECK, H. (2011): Physik-Nobelpreis 2011: Kosmische Kerzen bestätigen Einstein - SPIEGEL ONLINE. http://www.spiegel.de/wissenschaft/mensch/physik-nobelpreis-2011-kosmische-kerzen-bestaetigen-einstein-a-789855.html, 01.12.12

[28] DAMBECK, H. (2005): Kosmologische Konstante: Einsteins „Eselei" entpuppt sich als Geniestreich. http://www.spiegel.de/wissenschaft/weltall/kosmologische-konstante-einsteins-eselei-entpuppt-sich-als-geniestreich-a-386648.html, 20.04.13.

[29] SCHNABEL, U. (2011): Nobelpreis in Physik: Mehr, als das Auge sehen kann. In: Die Zeit. Nr. 41. Ausgabe vom 06.11.11.

[30] PANEK, R. (2007): Die geheime Kraft des Kosmos. In: P.M. Magazin. Ausgabe 07/2007.

[31] BRAUN, T. (2008/09): Dunkle Energie. http://pauli.uni-muenster.de/tp/fileadmin/lehre/teilchen/ws0809/DunkleEnergie.pdf, 22.04.13.

[32] VASSILEVSKAYA, L. (2011): Skalarfelder. http://www.mp.haw-hamburg.de/pers/Vassilevskaya/download/m2/va/scalar-1.pdf, 22.04.13

[33] LEONHARTSBERGER, C. (2003): Gravitation. http://schulen.eduhi.at/riedgym/physik/11/gravitation/gravitation.htm, 24.04.13

[36] EUROPEAN SPACE AGENCY (2013): ESA Science & Technology: Euclid. http://sci.esa.int/Euclid, 24.03.13.

[37] „McDaniel-77" (2012): Dunkle Materie existiert nicht. http://astronews.com/forum/showthread.php?5984-Dunkle-Materie-existiert-nicht, 24.04.13.

Bildnachweis

Abb. 1: NASA, ESA, STScI: Die kleine Magellansche Wolke. http://www.dlr.de/next/desktopdefault.aspx/tabid-6304/10950_read-24961/, 10.12.12

Abb. 2: *Daten von:* MÜLLER, A. (2007): baryonische Materie. In: Astro-Lexikon B1. http://www.wissenschaft-online.de/astrowissen/lexdt_b.html, 12.12.12

Abb. 3: TATE, J. (2010): Proton parts. http://www.universetoday.com/56013/proton-parts/

Abb. 4: MERCK KGAA (2008): Periodensystem der Elemente. http://pse.merck.de/data/download/pse_standard.pdf, 24.01.13

Abb. 5: BARTELMANN, M. & STEINMETZ, M. (2010). Sterne und Weltraum 2010/8: 32-43.

Abb. 6: http://www.weltderphysik.de/typo3temp/GB/2011_Dopplereffekt2-strahlung_wdp_b01601b2b6_87867ab9ea.png

Abb. 7: MAX PLANCK INSTITUT FÜR ASTRONOMIE (2010). Sterne und Weltraum 2010/8: 34.

Abb. 8: REID, N. (2008): HST this Week 161. http://www.stsci.edu/~inr/thisweek1/2008/thisweek161.html, 04.02.13

Abb. 9: EUROPEAN SPACE AGENCY (2013): ESA Science & Technology: Euclid. http://sci.esa.int/Euclid, 24.03.13.

Abb. 10: NASA/ESA/STScI/AURA/Hubble Kollaboration (2011): Sternenhimmel im Blick des "Hubble"-Teleskops. http://www.spiegel.de/wissenschaft/weltall/sternenschwund-das-universum-wird-dunkel-a-781683.html, 29.04.13.